Jorge Alfredo González Pérez
Augusto Manuel Kahali Petuleinge

Diseño de acciones de mejora el proceso de comercialización agrícola

Jorge Alfredo González Pérez
Augusto Manuel Kahali Petuleinge

Diseño de acciones de mejora el proceso de comercialización agrícola

Del frijol en mercado informal

Editorial Académica Española

Imprint

Any brand names and product names mentioned in this book are subject to trademark, brand or patent protection and are trademarks or registered trademarks of their respective holders. The use of brand names, product names, common names, trade names, product descriptions etc. even without a particular marking in this work is in no way to be construed to mean that such names may be regarded as unrestricted in respect of trademark and brand protection legislation and could thus be used by anyone.

Cover image: www.ingimage.com

Publisher:
Editorial Académica Española
is a trademark of
Dodo Books Indian Ocean Ltd. and OmniScriptum S.R.L publishing group

120 High Road, East Finchley, London, N2 9ED, United Kingdom
Str. Armeneasca 28/1, office 1, Chisinau MD-2012, Republic of Moldova, Europe
Printed at: see last page
ISBN: 978-620-0-01014-8

Diseño de acciones de mejorar el proceso de comercialización agrícola del frijol hacia (*Phaseolus vulgaris* L.) en mercados informales de la Comuna de Ondjiva en el Municipio de Cuanhama.

Autor(es): MSc. Jorge Alfredo González Pérez

Ing. Augusto Manuel Kahali Petuleinge

CUNENE, 2024

DEDICACIÓN

- ❖ A mi familia, en particular a mis padres, por todo lo que han hecho por mi vida en todos los sentidos.
- ❖ a mis hermanos les tengo mucho aprecio y amor.
- ❖ Quisiera entonces dedicar esto a mis amigos, grupos de actividades deportivas llamados "Los Amigos", por su invaluable apoyo durante esta odisea.
- ❖ A mis compañeros de la carrera de Ingeniería Agrícola del Instituto Politécnico de Ondjiva.
- ❖ A toda la comunidad científica, ya que este trabajo servirá como fuente de conocimiento, especialmente para quienes se encuentran en el campo de la Ingeniería Agrícola.

GRACIAS.

- ❖ Doy gracias a DIOS, todopoderoso creador del cielo y de la tierra, por la salud, paciencia y sabiduría que me brindó para realizar esta obra, y, sobre todo, por la vida que nos regaló hasta entonces.
- ❖ UNIVERSIDAD MANDUME YANDEMUFAYO, IPO, por concederme el privilegio y honor de una formación verdaderamente fructífera.
- ❖ A mis excelentes docentes, personal administrativo, auxiliares de limpieza, celadores, entre otros empleados adscritos a esta Institución de Educación Superior, quienes directa e indirectamente contribuyeron a mi formación.
- ❖ Estoy muy agradecido con mis compañeros de curso y de clase por los excelentes e inolvidables momentos que vivimos juntos.
- ❖ Agradezco mucho a mi eterno colega "Manuel Francisco", que Dios lo tenga en toda su gloria y que los momentos pasados en su compañía nunca sean olvidados, como quedarán por siempre en mi memoria.

RESUMEN

Con el propósito de proponer un conjunto de acciones para mejorar el proceso de comercialización de frijol, este trabajo se realizó en mercados informales de Oshomokyo y Alemania, en el periodo comprendido entre febrero y mayo de 2022. Este estudio se consideró exploratorio-descriptivo por su naturaleza. características se logró describir una población, conocer el comportamiento y cualidades del consumidor en relación a los productos y tener conocimiento sobre la tendencia de la oferta y la demanda. Se utilizó un diseño no experimental, utilizando la observación y la investigación científica. La información de campo se recopiló en mercados informales donde se entrevistó a 8 consumidores (clientes) seleccionados aleatoriamente y 11 vendedores de los mismos, 6 en Alemania y 5 en Oshomokyo. La información recolectada fue procesada mediante tablas y gráficos en el programa Microsoft Word y Excel para Windows 10. Según los resultados: La comercialización de frijol ya sea que funcione bajo el modelo de ventas: productor-copiador o intermediario-mayorista y consumidor. En los mercados alemán y Oshomokuyo, el 92% de los consumidores encuestados afirmó que las ofertas de alimentos frijol son buenos, pero no se venden a diferentes precios, y en Oshomokuyo es donde se vende la mayor variedad de frijoles. Las situaciones encontradas en FOFA en ambos lugares presuponen reacciones similares, pero se coincidió en que una debilidad o amenaza en el aquí Alemania no necesariamente estará a favor de Oshomokuyo. Las acciones expuestas deben realizarse de diferentes maneras, pero la forma más eficiente es a través de proyectos de acción gubernamental con una clara intencionalidad en su ejecución.

Palabras clave: frijol, plan de acción, mercados informales

SUMMARY

In order to propose a set of actions for the improvement of the process of commercialization of the bean came true this work in the informal markets of the locality Oshomokyo and Germany, in the period understood between February and May 2022. This study was considered of descriptive exploratory type because for its characteristics it was managed to describe a population, knowing the behavior and attributes of the consumer in front of the products and having knowledge on the inclination of offer and request the drawing was utilized of way not experimental, with the use of the scientific observation and your you carry out an investigation he. They compiled the agricultural reports in the informal markets where 8 consumers (customers) selected for the opportunity and 11 of his salespeople, 6 in Germany and 5 in Oshomokyo were interviewed. The reduced information, processed it intervening tie and graphics in the program Microsoft Word and Excel for Windows 10. According to the results: The commercialization of the bean is brought about under the model of sale: Productive gatherer or wholesaler on the black market and consumer. In the markets Germany and Oshomokuyo, 92 % of the investigated consumers said that the offers of bean are good, but do not bandage with differentiated prices, and it is where bigger variety of bean is sold in the Oshomokuyo. The situations found in the SOFT in the two places, analogous reactions presuppose, but more bothersome than a weakness or threat at the plaza Germany necessarily they will not be to it for Oshomokuyo. They must execute actions risked of different modes, but the most efficient road is by means of projects of governmental action with an intention dialed in its execution.

Key words: Bean, plan of actions, informal markets

ÍNDICE.

I. INTRODUCCIÓN 1

II. RESEÑA BIBLIOGRAFICA 4

2.1 Taxonomía del frijol común (*Phaseolus vulgaris* L.) 4

2.2 Aspectos generales del frijol común (*Phaseolus vulgaris* L.) 4

2.3 Importancia nutricional y económica del cultivo 4

2.4 Morfología del frijol común (*Phaseolus vulgaris* L.) 5

2.5 Alternativas o estrategias de marketing 6

   2.5.1 Principiosde la estrategia 6

2.6 Acciones propuestas. Definición 7

2.7 Información general sobre el proceso de comercialización 7

2.8 Términos utilizados en el proceso de comercialización 8

2.9 Tipos de marketing 9

2.10 Canal de comercialización 9

2.11 Producto. Concepto 11

2.12 Promoción 11

2.13 Comercialización de productos agrícolas 12

2.14 Factores que influyen en el proceso de comercialización en el país. 12

2.15 Información de mercado 13

2.16 Investigación de mercado 14

III. MATERIALES Y MÉTODOS 15

3.1 Ubicación del trabajo 15

3.2 Tipo y método de investigación 15

3.3 Metodología utilizada 15

3.4 Diseño y muestreo 16

3.5 Pasos metodológicos 17

3.6 Caracterización del desarrollo del proceso de comercialización agrícola del frijol (*Phaseolus vulgaris* L.) en mercados informales de la Comuna de Ondjiva en el Municipio de Cuanhama. 17

3.7 Identificación de los factores de la matriz que afectan el proceso de marketing agrícola de fríjol (*Phaseolus vulgaris* L.) en mercados informales de la Comuna de Ondjiva en el Municipio de Cuanhama. 18

   3.7.1 Variables del análisis FODA 18

3.8 Propuesta de acciones de solución para mejorar el proceso de venta de frijoles hacia (*Phaseolus vulgaris* L.) en mercados informales de la Comuna de Ondjiva en el Municipio de Cuanhama. 18

❖ Objetivos 19

❖ Objetivo esperado.. 19

❖ Método de control de actividades.. 19

3.9 Organización y procesamiento estadístico de la información. 19

IV. RESULTADOS Y DISCUSIÓN 20

4.1 Personajezaciónel desarrollo del proceso de comercialización agrícola del frijol (*Phaseolus vulgaris* L.) en mercados informales de la Comuna de Ondjiva en el Municipio de Cuanhama. 20

4.1.1 Estructura del mercado 20

4.1.2 Establecimientos que venden frijol 21

4.1.3 Desplazamiento oferta-demanda de frijol en los mercados locales.......... 23

4.2 Identificación de los principales problemas que afectan la comercialización del frijol hacía en los mercados informales de Cunene. 24

4.2.1 Matriz FODA... 24

4.3 Propuesta de acciones para el proceso de comercialización de frijoles hacia (*Phaseolus vulgaris* L.) en mercados informales de la Comuna de Ondjiva en el Municipio de Cuanhama 26

4.3.1 Propuesta de acción.. 26

V. CONCLUSIONES 30

VI. RECOMENDACIONES 31

ÍNDICE DE LA TABLA

Tablas	pagar
Tabla 1. Análisis de los efectos del desplazamiento simultáneo de la demanda y la oferta en los dos mercados locales	23
Tabla 2. Para porque, oportunidades, debilidades y amenazas	24-25
Tabla 3. Acciones propuestas para el proceso de comercialización de frijoles hacia *(Phaseolus vulgaris* L.)	27-29

ÍNDICE DE FIGURAS

Figuras	Pag.
Figura 1. Esquema de los pasos realizados en la investigación perro	17
Figura 2. Interpretación de la cadena de distribución del frijol	20
Figura 3. Comportamiento de presencia frijol en mercados informales	21

ABREVIATURAS DIFÍCILES DE ENTENDER

AC: Área cultivada

BDA: Banco de Desarrollo de Angola

MALO: Banco Africano de Desarrollo

MODA: Fondo Africano de Desarrollo

FAO: Organización de las Naciones Unidas para la Alimentación y la Agricultura

PIB: Producto Interno Bruto

CT: Índice de crecimiento

AU: Unión Africana

I. INTRODUCCIÓN

El frijol (*Phaseolus vulgaris* L.) es una planta cultivada por el hombre desde hace miles de años. Su origen se encuentra en el continente americano, con la evidencia arqueológica más antigua que data de alrededor de 8 a 10 mil años en América del Sur (Kaplan *et al.,* 2016). Respecto a su domesticación, se sostiene que existen divergencias.

A nivel mundial, los frijoles (considerando todas las especies) se cultivan en más de cien países. Brasil e India son los mayores productores y juntos representan más del 35% de la producción mundial. Anualmente se producen alrededor de 23 millones de toneladas, con una superficie ocupada de aproximadamente 30 millones de hectáreas (FAO, 2020).

El volumen de frijol comercializado en el mercado internacional se considera bajo (FAO, 2019). Considerando que sólo el 14% de la producción mundial se destina a la exportación. Una de las razones dadas para el bajo comercio internacional es la gran variedad de tipos de frijoles y las diferencias en los hábitos alimentarios que existen entre los países consumidores.

La "comercialización de productos agrícolas" es todo el proceso que va desde que el producto sale de la empresa, finca o explotación del productor o empresario hasta las manos del consumidor, Fisher y Navarro (2018). Los mismos autores afirman que la comercialización No sólo significa la acción de comprar o vender, es decir, el cambio de propietario del bien, sino también los aspectos físicos de transporte (cambio de lugar), almacenamiento (cambio en el tiempo), acondicionamiento y procesamiento (forma de intercambio).

La comercialización es el principal problema que enfrenta el sector agrícola, ya que no existen empresas dedicadas a esta actividad, por otro lado, la tasa de intermediarios ha ido aumentando, generando desigualdad entre los precios directos al productor y al consumidor. Finalmente, esto hace necesario que los pequeños productores encuentren nuevas alternativas para comercializar sus productos, con el fin de formar empresas líderes dedicadas a la comercialización de productos agrícolas a precios justos y lograr la integración de diferentes productores para mejorar la calidad, cantidad y precios de sus productos. productos en el mercado, (NEVES E CASTRO, 2017).

En Angola, el frijol es cultivado por pequeños y medianos productores, en sistemas de producción diversificados (incluidos los totalmente mecanizados, desde la siembra hasta la cosecha) y en todas las regiones del país, que van desde la producción para la propia subsistencia de los agricultores, hasta los negocios de los grandes productores. nivel, con una considerable carga tecnológica invertida. Esta diferencia se da principalmente porque la cultura puede producirse en cualquier región del país, independientemente del nivel tecnológico, y también porque el consumo está muy extendido en todo el país, tanto en las zonas rurales como en las urbanas. (Diario de Angola, 2021).

Según Moreira (2021), Angola tiene un déficit anual de frijol y en el período 2019/2020 Angola se situó en apenas 634.205 toneladas, un porcentaje no muy significativo de la producción mundial, de 26,84 millones de toneladas por año. En el mismo período, 344.762 toneladas de frijol se destinaron al consumo humano en 2019/2020, al mismo tiempo que 46.580 para semillas y 59.691 para otros usos, registrándose pérdidas estimadas en 13.111 toneladas.

El cultivo del frijol está dominado por el sector agrícola familiar, que emplea a 2.936.198 familias, cubriendo una superficie total de 5.325.952 hectáreas al año, mientras que el sector empresarial aglutina un total de 8.826 pequeñas, medianas y grandes explotaciones y una superficie total de 493.990 hectáreas por año (Jornal de Angola, 2021).

Según la misma fuente, "el cultivo del frijol es uno de los más rentables, porque es un producto que forma parte de la alimentación en casi todo el territorio nacional. Su producción se concentra en las provincias de Bié, Huambo, Malanje, Uíge, Cuanza-Sul, Huila y Benguela, pero todas las provincias tienen potencial". Se produce durante tres épocas del año, pero también se puede invertir en cultivo en invernadero, lo que permite cosechar en cualquier momento.

En la provincia de Cunene, específicamente en la comuna de Ondjiva, los frijoles son una parte importante de la dieta local, por lo que los niveles de comercialización varían y presentan dificultades inherentes al proceso. Lamentablemente, por el momento no existe información suficiente para conocer el comportamiento de este producto en los mercados informales.

Con base en estos elementos descritos anteriormente, se formuló el siguiente problema científico: ¿Cómo se desarrolla el proceso de comercialización agrícola de frijol (*Phaseolus vulgaris* L.) en mercados informales de la Comuna de Ondjiva en el Municipio de Cuanhama?

Partiendo del problema de investigación científica se defiende básicamente lo siguiente **Hipótesis:** La eficiencia del marketing podría mejorar el frijol agrícola (*Phaseolus vulgaris*

L.) si se conocieran los factores que inciden en este proceso en mercados informales de la Comuna de Ondjiva en el Municipio de Cuanhama.

Para dar respuesta al problema planteado se definió lo siguiente **Objetivo General:**

para diseñar acciones de mejora al proceso de comercialización agrícola del fríjol hacia (*Phaseolus vulgaris* L.) en mercados informales de la Comuna de Ondjiva en el Municipio de Cuanhama.

Para lograr el objetivo general se formuló lo siguiente **Objetivos específicos:**

- ✓ Caracterizar el desarrollo del proceso de comercialización agrícola del frijol (*Phaseolus vulgaris* L.) en mercados informales de la Comuna de Ondjiva en el Municipio de Cuanhama.
- ✓ Identificar los factores que afectan el proceso de marketing agrícola de frijoles (*Phaseolus vulgaris* L.) en mercados informales de la Comuna de Ondjiva en el Municipio de Cuanhama.
- ✓ Proponer un grupo de acciones para mejorar la venta de frijoles (*Phaseolus vulgaris* L.) en mercados informales de la Comuna de Ondjiva en el Municipio de Cuanhama.

II. RESEÑA BIBLIOGRAFICA

2.1 Taxonomía del frijol común (*Phaseolus vulgaris* L.)

El fríjol común pertenece al género Phaseolus y su ubicación taxonómica es: Rainho: Plantae; división: Magnoliophyta; clase: Magnoliopsida; subclase: Rosidae; orden: Fabales; familia: Fabáceas; género: Phaseolus y especie: *Phaseolus vulgaris* L.

2.2 Aspectos generales del frijol común (*Phaseolus vulgaris* L.)

El origen de *Phaseolus vulgaris* fue un tema muy debatido entre los historiadores, muchos opinan que este cultivo se originó en Europa y otros señalan que tuvo su origen en algunas regiones de América, desde donde se distribuyó a otros continentes, y luego de mayores estudios. Detallando su origen, hubo apariciones esporádicas en países de América, Perú, México, Guatemala, Chile y Bolivia, lo que lleva a concluir que es de origen americano. Esta certeza se basa en datos obtenidos de 1500 puntos aislados que aparecen en diferentes descripciones y referencias (González, 2018).

Entre las leguminosas alimenticias, los frijoles son una de las especies más importantes para el consumo humano. Su producción abarca diversas áreas agroecológicas. Esta leguminosa se cultiva prácticamente en todo el mundo (FIEP, 2017).

2.3 Importancia nutricional y económica del cultivo

El frijol común conocido como Frijol, Frijol riónes, Frijol Poroto y Caraota es un cultivo de gran importancia en la alimentación humana debido al alto contenido de nutrientes que posee. En América Latina es un componente esencial de la dieta ya que es una fuente importante de proteínas (Socorro y Martín, 2009).

Según Castiñeiras (2011), el frijol es la leguminosa que más estudios ha sido objeto en América Latina, por ser la principal fuente de proteínas, además de formar parte importante de los hábitos alimentarios de la población. Los avances científicos corroboran la necesidad de incorporar y mantener este alimento en la dieta convencional, por sus demostrados valores nutricionales y medicinales. Asimismo, destaca su aporte en proteínas, por lo que en las guías alimentarias se incluye en el grupo de alimentos que se caracterizan por su contenido proteico.

Los frijoles aportan vitaminas como el Complejo B y ácido fólico. Las verduras son ricas en fibra dietética y minerales como calcio, hierro, cobre, zinc, fósforo, potasio y magnesio. Los frijoles son una de las principales fuentes de fibra soluble en la dieta común y ayudan a reducir el colesterol (Silva, 2018).

2.4 Morfología del frijol común (*Phaseolus vulgaris* L.)

El frijol es una planta herbácea, de ciclo biológico relativamente corto, de carácter anual, de tamaño y hábitos variables, existiendo variedades de crecimiento determinado e indeterminable (arbusto pequeño, trepador) como se describe (Socorro a Martín, 2009).

En su constitución morfológica, el frijol está formado por los siguientes órganos:

Raíz: el sistema radical está compuesto por una raíz principal, así como por una gran cantidad de raíces secundarias. Al germinar crece rápidamente, su capa activa se desarrolla entre 0,20 – 0,40 cm de profundidad y en un radio de 0,15 – 0,30 cm. Con numerosas ramas laterales, este cultivo tiene la capacidad de fijar nitrógeno atmosférico mediante simbiosis con bacterias del género Rhizobium mediante la formación de nódulos en sus raíces, Gepts y Debouck (2015).

Tallo: El tallo está formado por nudos e internudos que tienen un tamaño variable, y de cada nudo emerge una hoja, su altura depende del hábito de crecimiento (determinado o indeterminable). Se llaman determinadas cuando alcanzan una altura corta (0,20-0,60 cm) y tienen una inflorescencia en su punta, mientras que las indeterminables pueden medir de dos a diez metros de largo y no tienen una inflorescencia en su yema terminal (Ferreira *et al.*, 2012).

Hojas: las hojas, a su vez, son alternas, compuestas por tres folíolos (dos laterales y uno terminal o central). Los folíolos son grandes, ovalados, con extremos acuminados y tienen forma puntiaguda (Unifeijão, 2011).

En opinión de Wander (2007), "Hay folíolos de forma ovalada o romboidal. Presenta un nervio central y un sistema de venas ramificadas por toda la zona del limbo. Las hojas son alternas, trifoliadas y de color verde oscuro o claro. La forma de los folíolos es variada: ovalada, deltoides y en forma de cuña. Asimismo, existen hojas trifoliadas.

Inflorescencia: pueden ser terminales (sólo están presentes en determinadas variedades de crecimiento) y axilares, que están presentes en ambos hábitos de crecimiento. Las flores tienen cinco pétalos desiguales: un estándar, dos fusionados que forman la quilla y dos "alas". La flor es simétrica y puede ser de diferentes colores: blanca, rosa, amarilla, violeta (Diniz, 2018).

Fruto: es una verdura comúnmente conocida como vaina, de forma agrandada, que puede tener diferentes colores como: crema, café, morado. La vaina contiene de tres a nueve semillas, pero el número normal es de cinco a siete, de forma reniforme, aunque también pueden ser redondas, ovoides, elípticas, pequeñas, casi cuadradas u ovoides (Muñoz y Singh, 2003).

Semilla: dependiendo del color, puedes encontrar granos de color uniforme, por ejemplo, negro, rojo y blanco, también puedes encontrarlos en dos colores con diferentes variantes dentro de este grupo, y por último incluso en tres colores diferentes, el estado de fisiología La madurez, o plazo de crecimiento del grano, se alcanza cuando se obtiene un contenido de humedad de 52 a 54% en promedio. El color de los granos es verde al inicio de su crecimiento, hasta alcanzar una humedad ligeramente superior o muy cercana al 60%; A partir de entonces, los granos van adquiriendo los colores característicos de cada cultivar, hasta obtener su color definitivo en la madurez fisiológica (Diniz, 2018).

Las semillas de este cultivo tienen la propiedad de perder rápidamente humedad una vez maduras, pudiendo almacenarse sin mayores dificultades, ya que sus tegumentos son muy impermeables, aunque su espesor es una característica que depende de la variedad y tipo de frijol (Socorro y Martín 2009)).

2.5 Alternativas o estrategias de marketing

"Alternativa" se define como un procedimiento, mecanismo, método u opción mediante el cual un productor puede vender o influir en las condiciones de venta de su producto. Las principales alternativas disponibles para un productor son; venta al contado en época de cosecha, contrato de compraventa antes de la cosecha, apuestas de especulación, precio autorizado, precio a fijar, precio medio o venta conjunta (Mendes *et al.,,* 2007).

2.5.1 Principiosde la estrategia

La producción agrícola como actividad económica y asociada a multitud de variables que condicionan tanto los resultados tecnológicos como la rentabilidad, requiere también la adopción de una estrategia, tanto las de carácter técnico (aspectos físicos y biológicos) como las de carácter institucional y humano, consideradas exógena o endógena a la propiedad agrícola (Neves, 2010). Además, según esto, el autor señala que la estrategia de comercialización agrícola es el conjunto de principios, objetivos, acciones y prioridades para el desarrollo del comercio agrícola, apoyado en la iniciativa privada, las fuerzas del mercado y el rol regulador y facilitador del Estado. debe cumplir con los siguientes principios:

- Cumplimiento de opciones fundamentales;
- Definición del comercio como una actividad basada esencialmente en la iniciativa privada y la necesaria vinculación entre producción y consumo;
- La necesidad de promover y modernizar la red comercial y servicios relacionados;
- La necesidad de promover el proceso de comercialización teniendo en cuenta los intereses económicos, particularmente en la protección de la producción y el comercio agrícola.

2.6 Acciones propuestas. Definición

Patrón o plan que integra los principales objetivos, políticas y secuencia de tareas de una organización en un todo coherente. Los autores relacionan un conjunto de acciones bien formuladas con una postura singular y viable obtenida a través de sus propias habilidades, pero controlando sus deficiencias internas y las medidas tomadas por oponentes inteligentes (Senaes, 2013).

2.7 Información general sobre el proceso de comercialización

La comercialización agrícola juega un papel sumamente importante en la economía nacional, constituyendo la principal, si no la única, fuente de ingresos de la población de las zonas rurales, donde la mayoría basa sus condiciones de vida en la agricultura de subsistencia. La comercialización es uno de los factores impulsores de los vínculos entre el productor/campesino y el mercado, en términos de relaciones económicas entre las zonas rurales y urbanas. (Agronegocios, 2014).

Para Barros y Martines (2017), la comercialización agrícola se refiere a un conjunto de funciones o actividades de transformación y adición de utilidad mediante las cuales se transfieren bienes y servicios de los productores a los consumidores. Así, en las definiciones más amplias, la comercialización de bienes, que por tanto es también un proceso de producción. Además, la comercialización comprende actividades que resultan en la transformación de bienes, mediante el uso de recursos productivos: capital y trabajo que actúan sobre las materias primas agrícolas.

La comercialización se basa en el tránsito de la mercancía hasta un destino final, siempre y cuando se cumplan normas y procedimientos y se logre la satisfacción del cliente, específicamente en productos agrícolas que tienen un mercado más exigente, donde se debe destacar la calidad de los productos, con el fin de obtener ventas en calidades para la empresa y satisfacción del cliente. (pizza ygalés, 2018).

Desde la antigüedad, el hombre ha tenido que utilizar el intercambio como primera forma de comercio para sobrevivir y luego desarrollarse. En el orden semántico, comercialización es sinónimo de marketing en inglés o marketing en español, el término comercial, que significa negociar la compra y venta de algo. (Pinho *et al.,* 2014).

Los textos sobre comercialización agrícola presentan varias definiciones con diferentes grados de amplitud. En un sentido más restringido, la comercialización se define como el conjunto de operaciones que comienzan con la creación de productos agrícolas y culminan con su utilización a nivel del consumidor final. En este contexto, la comercialización significa la continuación del proceso de producción (Portero, 2006).

La comercialización agrícola no consiste simplemente en vender la producción en un proceso continuo y organizado de encaminar la producción agrícola a lo largo de un canal o sistema de comercialización, donde el producto sufre transformaciones, diferenciaciones y valor agregado. Las facilidades (utilidades) que padecen los productos agrícolas son posesión, forma, tiempo y lugar, adaptándolas, de esta manera, al gusto y preferencia de los consumidores finales. (Neves, 2010).

La comercialización agrícola se presenta como la actividad más compleja entre las que involucran el sistema agrícola, ya que es el momento en que la producción asume el estatus de mercancía. Esta condición refleja la dinámica en que la integración de los mercados, que comprende diferentes segmentos y sectores, casi se apropia de la producción y comienza a imponer metas de cantidad y calidad, formando cadenas, redes o arreglos productivos. (José, 2015).

2.8 Términos utilizados en el proceso de comercialización

Segundo Navalar *et al.,* (2010) se utilizan los siguientes:

Comercialización: La comercialización comprende el conjunto de actividades en la transferencia de bienes y servicios desde el punto de producción inicial hasta que llegan al consumidor final.

Comercio: proceso que consiste en comprar y vender o intercambiar bienes de diferentes tipos.

Mercado: debe entenderse como el lugar donde operan las fuerzas de la oferta y la demanda, a través de vendedores y compradores, de tal manera que la transferencia de propiedad de las mercancías se produce mediante operaciones de compra y venta.

Para Guzmán (2015), en la actividad de comercialización operan varios métodos que facilitan esta actividad; entre los que se pueden destacar los siguientes:

- Marketing correcto;
- Comercialización incorrecta;
- Comercialización mayorista y minorista

2.9 Tipos de marketing

Según Garófalo y Carvalho (2014), el consumo interno o micro comercialización consiste en obtener bienes y servicios del productor-consumidor o del mercado-consumidor; y que esta distribución se puede realizar directa o indirectamente para que los clientes puedan adquirirlos, es decir, puedan decidir vender productos o servicios al usuario final.

La micro comercialización es la realización de aquellas actividades que tienen como objetivo alcanzar los objetivos de una organización anticipándose a las necesidades del cliente y dirigiendo un flujo de bienes y servicios que satisfagan las necesidades del productor hacia el cliente.

El mismo autor considera que se puede decir, por tanto, que el consumo externo o macro comercialización es una exportación, es decir, es el envío de bienes y servicios a otra parte del mundo con fines comerciales. El envío puede realizarse a través de diferentes vías de transporte, ya sea terrestre, marítima o aérea.

2.10 Canal de comercialización

Canal de comercialización es el camino que sigue la mercancía desde el productor hasta el consumidor final. Es la secuencia de mercados por los que pasa el producto, bajo la acción de diversos intermediarios, hasta llegar a la región de consumo. El canal de comercialización muestra cómo los intermediarios se organizan y agrupan para trasladar la producción al consumo. La naturaleza de los diversos intermediarios y agencias que realizan servicios de marketing para un producto, así como la disposición y organización del mecanismo del mercado (franco, 2011).

El mismo autor considera que, en este método, el elemento humano recibe especial énfasis. Los intermediarios son personas u organizaciones comerciales que se especializan en llevar a cabo diversas funciones de marketing, relacionadas con las actividades de compra y venta, a medida que los bienes pasan de los productores a los consumidores. Los intermediarios de interés directo en la comercialización de productos alimenticios se pueden clasificar de la siguiente manera:

a)   intermediarios comerciales: mayoristas, minoristas o minoristas y especuladores;

b)   agentes intermediarios: corredores y comisionistas;

c)   organizaciones auxiliares o instrumentales;

d)   industria de transformación.

Los comerciantes intermediarios tienen el título de propiedad de las mercancías y, por tanto, son propietarios de los productos que manejan. Comercian para su propio beneficio, garantizando sus ingresos del margen entre los precios de compra y venta de los bienes que venden. Los mayoristas venden a minoristas y otros mayoristas y fabricantes, pero no venden cantidades significativas al consumidor final.

Los minoristas compran productos a mayoristas para revenderlos al consumidor final. Constituyen el grupo más grande entre las agencias de marketing. Los agentes intermediarios, tal como se les designa, actúan únicamente como representantes de sus clientes. No tienen el título y, por tanto, no son propietarios de los bienes que venden; sus ingresos están representados por honorarios y comisiones sobre el volumen de ventas que realizan (Senaes, 2017).

Para Figueiredo *et al.,* (2004) Los comisionistas o inspectores generalmente tienen gran autoridad sobre las mercancías, siendo responsables de su movimiento y fijando las condiciones de venta y deducción de honorarios. Los corredores no tienen regularmente control físico de los productos que manejan, siguiendo de cerca los pedidos de sus clientes. Sus poderes en las negociaciones son menores que los de los comisionados.

Los intermediarios especuladores constituyen un grupo que se apropia de productos, con el objetivo de obtener beneficios de las fluctuaciones de precios en el corto plazo. La actividad de compra y venta suele realizarse a nivel del canal de mercado. En competencia con otros intermediarios, estos agentes contribuyen a mantener una estructura de precios adecuada (Sabourin, 2010).

Según Ledesma (2017), la clasificación de los canales de comercialización se basa en su longitud y complejidad. Los tipos más comunes son:

• El productor vende directamente al consumidor, un ejemplo es lo que sucede con los comercializadores que son productores que venden su producción directamente al consumidor.

- Las operaciones las realizan intermediarios. En este caso, el canal de comercialización puede tener diversa complejidad, dependiendo del número de operaciones y, por tanto, del número de personas involucradas. A medida que la economía se desarrolla y se intensifica la especialización de la actividad, el canal tiende a volverse más complejo.

La relación entre la oferta y la demanda de los consumidores se identifica de manera consensuada como el principal determinante del precio de mercado. Sin embargo, el análisis anterior de los niveles de mercado y los agentes de comercialización demostró que los consumidores y los productores están separados por muchos intermediarios que permiten la transferencia de la producción agrícola a los consumidores finales. Esta intermediación da como resultado costos de comercialización que serán mayores o menores dependiendo de los niveles de intermediación. (Rivas, 2007).

2.11 Producto. Concepto

El producto es un conjunto de atributos que el consumidor considera que tiene un determinado bien para satisfacer sus necesidades o deseos. Según un fabricante, el producto es un conjunto de elementos físicos y químicos combinados de tal forma que ofrece al usuario posibilidades de uso. Es aquello, deseado o no, que una persona o empresa realiza en un intercambio; el objetivo básico de las decisiones de compra es recibir los beneficios tangibles o intangibles asociados con un producto; Los aspectos tangibles e intangibles incluyen el servicio, la imagen del minorista, la reputación del fabricante y el estatus social asociado con un producto; la oferta de productos de una empresa es el elemento crucial en cualquier combinación de marketing. (Neves *et al.*, 2013).

Ha crecido cada vez más el interés de los consumidores por adquirir productos agrícolas producidos localmente, es decir, en su región de residencia o país. Según la percepción de calidad, la demanda de productos frescos, la corta distancia entre los productos y los consumidores son algunos de los factores esenciales para la demanda de productos locales y es más probable que los consumidores paguen un precio superior por los productos (Singer, 2016).

2.12 Promoción

Según Kaplan y Cooper (2018), se definen como uno de los instrumentos de marketing fundamentales con el que la empresa pretende transmitir las cualidades de su producto a sus clientes, de modo que se animen a adquirirlo; por tanto, consiste en un mecanismo de transmisión de información. La promoción de un producto es el conjunto de actividades que intentan comunicar los beneficios que proporciona el producto y persuadir al mercado a comprar a quienes lo ofrecen.

2.13 Comercialización de productos agrícolas

Para Kotler (2000), la Comercialización Agrícola ha ganado importancia debido a:

- Mayor poder de consumo;
- Industrialización de la agroindustria;
- Mayor regulación de la producción agrícola;
- Globalización progresiva de la agricultura;
- Marketing;
- Una actitud personal y una cultura de empresa.

2.14 Factores que influyen en el proceso de comercialización en el país.

La coordinación e integración de los segmentos de producción, almacenamiento y conservación (concentración de la oferta, en cantidad y calidad), eventual procesamiento industrial, comercialización y distribución de productos agrícolas. Reconocida por todos como una de las limitaciones más importantes para el pleno desarrollo de la agricultura angoleña, ya que se acepta que su correcto desarrollo desencadenará inmediatamente un incentivo para todas las formas de agricultura que, por falta de ellas, muchas veces han optado por no producir, para no tener que perder producción por falta de flujo (MINADER-FAO, 2003).

Esta comercialización debe ser en ambos sentidos para que sea realmente efectiva, ya que no sólo debe poder acercar factores de producción y otros elementos al agricultor sino también tener la capacidad de vender los productos producidos en la región donde existen. Los precios de venta de factores y de compra de productos deben ser considerados adecuadamente para no obstaculizar el éxito y desarrollo de regiones más lejanas, lo que naturalmente también estará ligado a la facilidad de transporte por carretera o ferrocarril que puedan merecer los productos en cuestión (Barros , 2007).

De esta manera, se observa que la agricultura tiene problemas "dentro" y "fuera" de la propiedad, pero es, sin duda, fuera del alcance de los productores rurales donde se producen la mayoría de los problemas que afectan el resultado económico-financiero. con consecuencias sociales adversas (Rivas, 2007).

La identificación de nuevos productos que puedan ayudar a la diversificación y crear valor agregado en el mercado interno o externo también será muy importante para superar esta situación, ya que el sector está sensibilizando y movilizando a los empresarios privados para involucrarse en la producción nacional de semillas, principalmente cultivos alimentarios. como maíz, frijol, arroz y yuca (Mamaot, 2013).

El país tiene que hacer un esfuerzo para resolver los supuestos para el desarrollo de la agricultura. Es necesario crear alianzas con empresas con experiencia en el sector y aprovechar el conocimiento de los países de la región (Zimbabwe, Sudáfrica y Zambia) que producen las semillas que consumen. El país invierte en divisas para adquirir semillas que no alcanzan ni para cubrir el 50% de las necesidades del país en el sector. Además de la producción de semillas, es necesario pensar en el tema de los fertilizantes, pesticidas, montaje de tractores y regando (CGA,2010).

2.15 Información de mercado

Según MINADER, (2020) la función de la información de mercado se refiere a la recopilación, interpretación y difusión de datos con el fin de facilitar la "comercialización". Una característica importante de la información es que debe ser actual y confiable. Hay tres tipos de información:

a) puramente informativo o noticioso;

b) análisis de mercado (perspectivas) y,

c) publicidad.

El tipo "informativo" sólo contiene datos sobre precios, condiciones de oferta, volúmenes de existencias, clima, entre otros, sin ningún análisis ni comentario sobre la situación del mercado.

El tipo "analítico" va más allá de las noticias, porque presenta explicaciones (razones) sobre la tendencia actual y hace predicciones de esta tendencia. En este caso, además de los datos sobre las variables relevantes, es necesario analizar estos datos utilizando modelos estadísticos y económicos. En este caso, se necesitan conocimientos y factores vinculados a la oferta y la demanda agrícola.

Esta misma fuente continúa refiriendo que entre las variables relevantes por el lado de la demanda se encuentran los siguientes indicadores: población interna, nivel de ingreso disponible, nivel de empleo, consumo "per cápita", cambios en gustos y preferencias, precios de bienes sustitutos, demanda externa y programas gubernamentales especiales. Por el lado de la oferta tenemos: intenciones de siembra, expectativas de precios, precios competitivos de los productos, productividad esperada, área disponible para siembra y adopción de paquetes tecnológicos.

Otro tipo de información de mercado se puede obtener a través de la publicidad, que adopta dos formas. La primera se denomina "genérica", y puede ser realizada por el gobierno o por un grupo de empresas con el objetivo de incrementar el consumo de un producto, sin una marca específica.

2.16 Investigación de mercado

En un contexto puramente empresarial, la investigación relacionada con los cambios en las preferencias de los consumidores es importante para determinar la política empresarial. Así, la investigación de los envases en cuanto a forma, tamaño, coloración, comportamiento del consumidor, pronósticos de ventas en una determinada región, investigaciones encaminadas a reducir los costos de "comercialización", mejores medios de comunicación para realizar publicidad, entre otras, son información útil a largo plazo. éxito de la empresa (Junta Provincial de Povoamento, 2015).

Al respecto, Diniz (2018) reporta que, más que solo economía rural, es importante la investigación de mercados en las siguientes áreas:

a) Estudios de demanda y gasto;

b) Ofrecer estudios;

c) Análisis de costos de marketing;

d) Análisis de márgenes de comercialización;

e) Análisis de precios agrícolas;

f) Estudios sobre estructura de mercado

III. MATERIALES Y MÉTODOS

3.1 Ubicación del trabajo

Con el propósito de proponer un grupo de acciones para mejorar el proceso de comercialización del frijol, se este trabajo en mercados informales de Oshomokuyo y Alemania, en el periodo comprendido entre febrero y mayo de 2022. La provincia se ubica entre las latitudes 15° 10′ 00′′ al Norte, 17° 24′ 00′′ al Sur y longitudes 13° 02′ 00 ′′ al Oeste 17° 23′ 00′′ al Este (Ministerio de Administración Territorial, 2019).

3.2 Tipo y método de investigación

De acuerdo a la naturaleza y características de este estudio, se consideró exploratorio-descriptivo porque por sus características es posible describir una población, comprender el comportamiento de los consumidores y las cualidades de los productos y tener conocimiento sobre las tendencias de la oferta y la demanda.

Como método empírico de investigación se utilizó un diseño transversal no experimental, con el uso de la observación e investigación científica, para capturar información en un solo tiempo, con el propósito de describir variables y analizar su incidencia e interrelación en un determinado tiempo. momento, con criterios aportados por Hernández-Sampieri *et al.,* y Tamayo (2003).

3.3 Metodología utilizada

La metodología utilizada fue Silva (2010), encuesta, definiéndose como una técnica de investigación en profundidad, donde se obtiene información a través de la recolección de datos primarios, completando una investigación cualitativa en cuanto a la recolección de datos. y cuantitativos en relación con la interpretación de estos datos. Inicialmente, buscamos fundamentar teóricamente las proposiciones presentadas en este trabajo a través de una revisión de la litcratura sobre el tema. La información recopilada de la revisión de la literatura brindó apoyo para la construcción de un cuestionario utilizado en la recopilación de datos.

El cuestionario desarrollado contenía preguntas abiertas y cerradas, que sirvieron de guía para la realización de entrevistas a productores y comerciantes rurales en mercados informales. Posteriormente, se realizó un levantamiento de campo con el fin de recolectar información, con el objetivo de conocer, entre los aspectos, la estructura operativa, el flujo de información y los sistemas de comercialización utilizados por los productores de la localidad y los municipios aledaños que traen el producto. bienes.

Respecto a la recolección de datos en campo, se entrevistó a 8 consumidores (clientes) seleccionados aleatoriamente y 11 vendedores de los mismos, 6 en Alemania y 5 en Oshomukuyo. Como estrategia de selección de productores rurales y comercializadores de frijol a entrevistar, se definieron dos puntos de comercialización con amplia inserción regional (dos mercados informales) para poner a disposición los productos.

3.4 Diseño y muestreo

El tipo de muestreo utilizado fue aleatorio simple, calculándose el tamaño de la muestra, con una población de 8 productores y 11 vendedores, con un margen de error del 5% y una confiabilidad del 95% en unidades estándar correspondientes al muestreo valorado (1.96). Se utilizó la fórmula mencionada por Piza y Welsh (1968).

$$\text{norte} = \frac{Z2 \text{ porque norte}}{0{,}052 \ (N- \ 1) \ + \ Z2 \ \text{porque}}$$

Dónde:

n = tamaño de muestra por determinar.

N = tamaño del universo (Número total de elementos de la población).

p = probabilidad de que ocurra el evento (50%).

q = probabilidad de que el evento no ocurra (50%).

E= máximo engaño plausible en función del nivel de fiabilidad deseado (dicho engaño se eleva al cuadrado)

E= 5% (0,05).

Z = Coeficiente de confianza para un nivel de probabilidad determinado. Dicho coeficiente al cuadrado = 95% corresponde a un valor Z= 1,96.

$$\text{norte} = \frac{(1{,}96) \ 20{,}5*0{,}5*16}{0{,}052 \ (16 - 1) + 1{,}96 \ 2 \ (0{,}5 * 0{,}5)}$$

norte= 33,65

n= 34 pistas aproximadamente.

3.5 Pasos metodológicos

Para evitar errores en el proceso investigativo se planificaron diferentes pasos metodológicos, los cuales fueron los siguientes (ver figura 1).

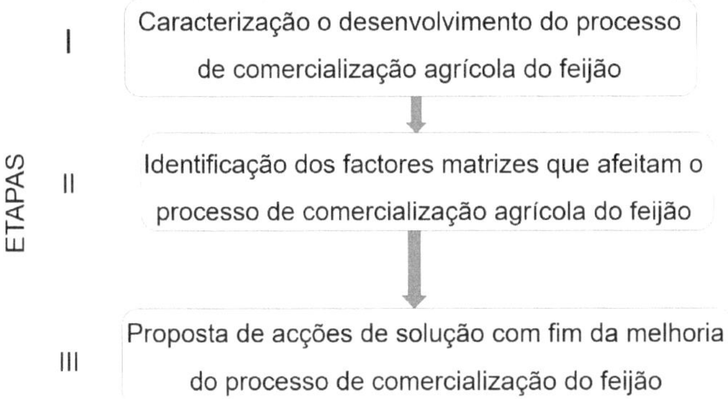

Figura 1. Esquema de los pasos realizados en la investigación.

3.6 Caracterización del desarrollo del proceso de comercialización agrícola del frijol (*Phaseolus vulgaris* L.) en mercados informales de la Comuna de Ondjiva en el Municipio de Cuanhama.

Por las características de estructura del mercado, la metodología de Eterno y Elenor (2015) donde se muestra cómo es el proceso de comercialización de frijol, para esta parte se creó un diagrama explicando los aspectos que más influyen en el proceso de comercialización en la localidad

Para esta variable de establecimientos que venden frijol se contabilizaron diferentes vendedores de frijol en ambos mercados y los resultados se representan en el gráfico de barras.

En el caso del cambio en la oferta-demanda de frijol en los mercados locales, se realizó una encuesta donde se recogieron las respuestas de los compradores y las respuestas se representaron en una tabla para mostrar cómo ocurren las diferentes variaciones según niveles de ventas y presenciable de frijol.

3.7 Identificación de los factores de la matriz que afectan el proceso de marketing agrícola de fríjol (*Phaseolus vulgaris* L.) en mercados informales de la Comuna de Ondjiva en el Municipio de Cuanhama.

3.7.1 Variables del análisis FODA

Fortaleza. Mantiene un alto nivel de desempeño, generando ventajas o beneficios presentes y claros, con posibilidades atractivas en el futuro.

Debilidades o debilidades. Significa una deficiencia o carencia, algo en lo que la organización tiene bajos niveles de desempeño y por tanto es vulnerable.

Oportunidades. Son aquellas circunstancias del entorno que son potencialmente favorables para la organización y pueden ser cambios o tendencias que se detectan y que pueden utilizarse ventajosamente para alcanzar o superar los objetivos.

Amenazas. Son factores ambientales que resultan en circunstancias adversas que ponen en riesgo el logro de los objetivos establecidos. Pueden ser cambios o tendencias que aparecen de manera repentina o paulatina.

Análisis FODA

Este estudio se llevó a cabo según los criterios de Rodríguez (2000) y Ramírez (2007), quien mencionó que consiste en realizar una evaluación de los factores fuertes y débiles que en conjunto diagnostican la situación interna, es una herramienta que puede considerarse fácil y permite obtener una perspectiva general de la situación estratégica de una determinada organización.

3.8 Propuesta de acciones de solución para mejorar el proceso de venta de frijoles hacia (*Phaseolus vulgaris* L.) en mercados informales de la Comuna de Ondjiva en el Municipio de Cuanhama.

La metodología de formación descrita en este documento es participativa. Sugiere el desarrollo de sesiones grupales, reflexiones, dinámicas de presentación, trabajos prácticos y evaluación, con el objetivo de dinamizar fortalecer el proceso de aprendizaje e incentivar nuevas actitudes y valores como: iniciativa, creatividad y disciplina en los productores.

Además, estará estructurado de tal manera que pueda guiar al facilitador de una manera sencilla a la consecución de los objetivos de la reunión. Los temas tratados en este documento incluyen una hoja metodológica que contiene la siguiente información:

❖ Objetivos

❖ Objetivo esperado

❖ Método de control de actividades.

❖ Personas responsables o involucradas

3.9 Organización y procesamiento estadístico de la información.

La información recopilada se realizó mediante codificación. Preguntas de investigación, creación de figuras, tablas, diagramas y matrices de datos.

Las variables que formaron las matrices de datos se indican en los resultados y discusión del trabajo. Los resultados de la investigación se procesaron mediante tablas y gráficos. La información fue analizada utilizando el paquete Excel para Windows versión 10.

IV. RESULTADOS Y DISCUSIÓN

4.1 Personajezaciónel desarrollo del proceso de comercialización agrícola del frijol (*Phaseolus vulgaris* L.) en mercados informales de la Comuna de Ondjiva en el Municipio de Cuanhama.

4.1.1 Estructura del mercado

De acuerdo a la investigación realizada y que se muestra como representación del proceso en la figura 2, es posible observar el canal de comercialización identificado para el frijol en la localidad.

La cadena de ventas funciona bajo el modelo de ventas: productor-copiador o intermediario-mayorista y consumidor. El intermediario compra el producto en las zonas de producción, en propiedad o en los mercados regionales más cercanos, determinando el precio con base en la oferta y la expectativa de precio a obtener en los centros mayoristas.

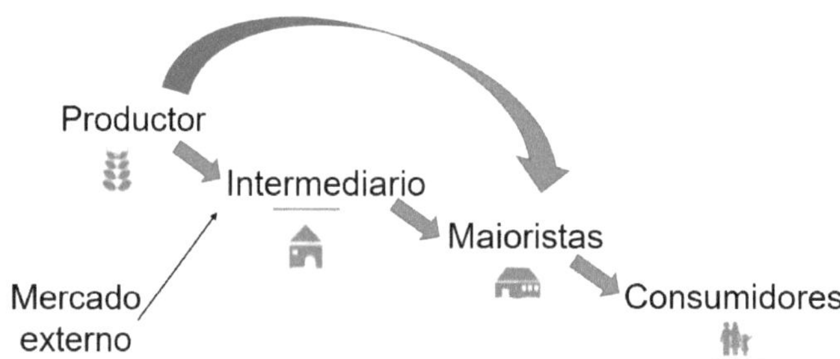

Figura 2. Interpretación de la cadena de distribución del frijol

Se conoce como mercado al espacio o contexto donde se produce el intercambio, compra y venta de servicios de frijol entre un comprador que los demanda y un vendedor que los ofrece. Los comerciantes informales de la ciudad pertenecen a un mercado competitivo, a veces llamado mercado de competencia perfecta, donde hay muchos compradores y vendedores y los bienes ofrecidos por los diferentes vendedores son básicamente los mismos. Los compradores y vendedores competitivos deben aceptar el precio que determina el mercado y, por lo tanto, se dice que deciden el precio.

Según el análisis, se identifica un canal de comercialización directa, donde los productores intervienen y venden diferentes tipos de frijol al consumidor final en plazas o mercados informales. Tanto compradores como vendedores (en este caso el productor) pueden ser personas naturales y sus familias, empresas y cooperativas agrícolas (varios campesinos), empresas mayoristas y minoristas, empresas de otros sectores de la economía, proveedores de servicios y gobiernos. El consumidor final también puede apoyar la venta. Al respecto, Rocha (2010) mencionó que el marketing debe facilitar y dar respuesta a los problemas económicos de "qué" y "cuánto" producir, "cuándo", "cómo" y "dónde" distribuir los productos, y en qué "forma".

Según este estudio, muy frijol proviene de la provincia del Huila, siendo un aspecto a analizar desde el punto de vista del mercado. Respecto a esta situación Sagabundo (2014)), afirma que la extensión del mercado depende de la dispersión de sus consumidores. Sin embargo, para que dos regiones (Lubango-Cunene) se integren en un mercado único, debe existir la posibilidad de comunicación para que los potenciales compradores y vendedores mantengan un contacto que permita la transferencia de propiedad de los bienes. Sin embargo, para muchos productos la incorporación de diferentes regiones al mismo mercado está limitada por los costos de transporte. Esto se debe al hecho de que el comercio entre regiones sólo se producirá si los precios locales en diferentes regiones difieren en una cantidad mayor que el costo del transporte. De lo contrario, no les pagará a los vendedores por colocar su mercancía en la región de compra.

El sistema de distribución está compuesto por todas las funciones y acciones que definen la relación entre el productor y sus intermediarios. El mayor o menor éxito depende del nivel de integración y cooperación entre las partes involucradas (SILVA, 2010). Por tanto, Kotler y Armstrong (1998) consideran que el mayor o menor éxito del sistema de distribución depende básicamente de las decisiones sobre las alternativas de canales y del nivel de integración y cooperación entre las partes involucradas. Así, definen un canal de distribución como "un conjunto de organizaciones interdependientes involucradas en el proceso de poner el producto o servicio a disposición del consumidor final".

4.1.2 Establecimientos que venden frijol

Al analizar el número de vendedores de frijol en ambos mercados se encontró que existe una diferencia entre los tipos o variedades que comercializan, siendo mayor en el mercado informal de Oshomokuyo (Ver figura 3).

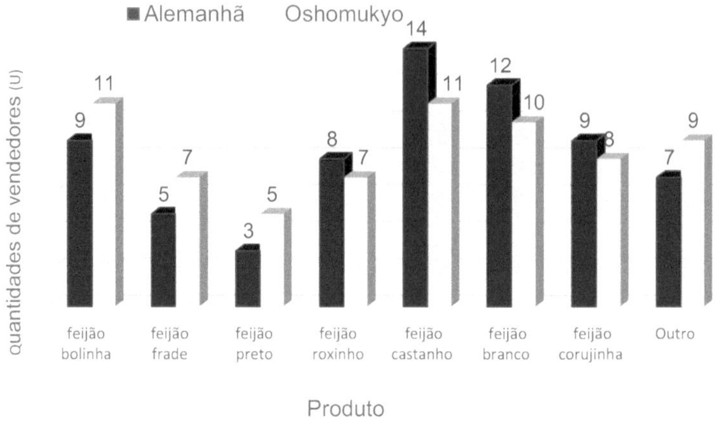

Figura 3. Comportamiento de presencia frijol en mercados informales

Se comprobó que existe una oferta variada de productos, pero los entrevistados comentaron que los más comprados por los clientes/consumidores en Alemania el frijoles Son frijoles marrones y blancos, siendo los frijoles negros y negros los menos comprados. Este resultado puede deberse a patrones de consumo o a un aspecto cultural del lugar. Este resultado coincide con Singh (2017), quien afirma que el frijol café constituye un componente alimentario básico de las poblaciones rurales y urbanas de las regiones y por lo tanto es altamente consumido.

En el mercado informal de Oshomokuyo los resultados fueron casi similares, pero se comprobó que la oferta de frijol fue mayor en comparación con el otro mercado estudiado. Fue difícil en el proceso investigativo contar las cantidades de frijol que tenía cada vendedor y todos los genotipos que se venden en las grandes cantidades que existen. A pesar de las diferencias de ofertas en los dos mercados, se comprobó que los precios en ambos eran iguales.

De acuerdo a la baja presencia de frijol negro en los mercados, Silva y Oliveira (2013) comentan que algunos tipos de frijol generalmente son hacia pocos producidos debido al bajo consumo y acepta pero, distribuyéndose en varios puntos de venta, pero su presenciada en el mercado hacia es muy abundante.

El precio del frijol para el 100% de los compradores muestra estacionalidad en el segundo semestre del año. En los meses de enero a abril el precio es mejor, lo que puede indicar, inicialmente, que la venta inmediata de la producción de frijol puede ser la mejor opción para el productor que no siempre puede esperar a que llegue la señal del mercado.

Al respecto, Andrade *et al.,* (2010), afirman que el frijol trillado, es decir, a granel, ofrece precios atractivos para los consumidores y constituye una importante opción de compra.

4.1.3 Desplazamiento oferta-demanda de frijol en los mercados locales

Según las entrevistas realizadas (ver Tabla 1) en los mercados alemán y Oshomokuyo, el 92% de los consumidores encuestados afirmó que las ofertas de frijol son buenos, pero no se venden a diferentes precios porque todos los vendedores acuerdan unificar el precio en todo el mercado, lo que hace que los niveles de ventas no varíen mucho.

Tabla 1. Análisis de los efectos del desplazamiento simultáneo de la demanda y la oferta en los dos mercados locales

Desplazamiento	Mayor demanda	Demanda constante	Reducción de la demanda
Aumento de la oferta	¿Precio? Cantidad ↑	Precio ↓ Cantidad ↑	Precio↓ ¿Cantidad?
Suministro constante	Precio ↑ Cantidad ↑	No hay cambios	Precio↓ Cantidad ↓
Reducción de la oferta	Precio ↑ ¿Cantidad?	Precio ↑ Cantidad ↓	¿Precio? Cantidad ↓

Es importante resaltar que en el mundo real existen cambios simultáneos en las curvas de oferta y demanda en ambos mercados. Por tanto, un aumento de la oferta no va acompañado de una reducción de los precios, porque también puede haber habido un aumento de la demanda. En el cuadro 1 anterior se presentan los posibles efectos del cambio en la oferta y la demanda sobre el precio y la cantidad de equilibrio del mercado.

El precio del bien o servicio es la principal información disponible para la toma de decisiones, siendo los compradores que quieren pagar el precio más bajo posible y los vendedores que quieren cobrar el precio más alto posible por todo en la ciudad libanesa de Ondjiva y que no formaron parte de este estudio. En general, el caos no ocurre, existen períodos de tiempo relativamente largos que presentan cierta estabilidad de precios, situaciones en las que estos oscilan alrededor de un valor estable, llamado equilibrio de mercado (ME) por la teoría económica.

Así, el modelo propone que las cantidades demandadas y ofrecidas se ajustarán a un nivel de precios que cumpla con los objetivos de compradores y vendedores (Hall y Lieberman, 2013; Pinho *et al.,* 2014).

La principal variable es el precio del bien o servicio. El modelo de oferta predice que, cuando el precio de un bien aumenta y todas las demás variables permanecen sin cambios, la cantidad ofrecida de ese bien aumenta. Esto ocurre porque el precio más alto aumenta la rentabilidad, lo que hace que los vendedores se interesen en aumentar su oferta de frijoles. hacia.

4.2 Identificación de los principales problemas que afectan la comercialización del frijol hacía en los mercados informales de Cunene.

4.2.1 Matriz FODA

Teniendo en cuenta el diagnóstico interno y externo representado en la tabla 2, para el frijol En los dos mercados informales estudiados y para exponer estrategias se utilizó la herramienta administrativa Matriz (FOFA).

Porque las oportunidades, debilidades y amenazas incluidas en el diagnóstico son específicas del proceso comercial aquí en la provincia, por lo que estas variables son únicas en su funcionamiento y resultados, por lo que no deben generalizarse.

Tabla 2. Para porque, oportunidades, debilidades y amenazas

Fortalezas	Producto tradicional y muy apreciado en toda la Provincia;
	De cultivo rústico y resistente, es una importante fuente de energía, con un bajo contenido en grasas;
	Es adaptable a diferentes tipos de clima y suelo, pudiendo cultivarse solo, en cultivos intercalados o intercalados;
	Los organismos de investigación, financiamiento y apoyo a la producción fomentan la innovación en la cadena productiva, superando desafíos relacionados con nuevas plagas, aumentando la productividad y las inversiones necesarias;
	La existencia de tres cosechas facilita el cambio de intenciones de siembra a lo largo del año, lo que puede influir en los precios.

Debilidades	Producto con corto tiempo de almacenamiento; Concentración de la producción en frijol, bien aceptado internamente, pero poco producido para la exportación; La producción familiar tiene baja tecnificación y profesionalización, utilizando semillas caseras, lo que degenera las variedades plantadas y facilita la contaminación por patógenos y daños mecánicos, resultado de la baja capitalización de los productores y la deficiente asistencia técnica.
Oportunidades	Investigación de nuevos productos preparados o semipreparados con frijoles, reduciendo el tiempo de preparación, como hamburguesas, harinas (sin gluten) para hacer pan, galletas y pastas; Investigación de nuevas variedades más tempranas, más productivas o con granos más grandes (preferencia europea) para evitar concentrarse en el frijol y ofrecer más opciones en el mercado; Desarrollo de sistemas de seguimiento, debido al cambio en el perfil del consumidor, que es más exigente y busca conocer el origen y condiciones en las que se cultiva el producto; Campañas de marketing que promuevan las cualidades nutricionales del frijol.
Amenazas	El cambio climático tiende a hacer que los eventos extremos, como sequías o inundaciones, sean más intensos y tengan ciclos de ocurrencia más cortos. Aparición de nuevas plagas y enfermedades resistentes a los pesticidas.

Las situaciones encontradas en ambos lugares, presuponiendo reacciones similares, por ejemplo, una debilidad o amenaza en la plaza de Alemania no necesariamente será lo mismo para Oshomokuyo.

En este sentido, Steiner George (1995) afirma que las propuestas de mejora deben estar encaminadas a reducir las debilidades, fortalecer y mantener las fortalezas. Porque, buscando oportunidades convenientes para capacidades, como proporcionar una defensa contra amenazas externas. En otro trabajo, Thompson y Strickland (2001) publicaron que las mejoras aceptadas deben ser congruentes con las condiciones o medios de operación del proceso de comercialización, para hacer crecer sus habilidades y recursos.

Se encontraron una serie de fuerzas y oportunidades para afrontar el proceso, que aprovechadas podrían revertir el desarrollo del comercio agrícola del frijol en la Provincia, con beneficios para la economía familiar, pero específicamente en el mejoramiento del manejo agrícola, disponibilidad de mecanismos y fuentes de adquisición de insumos para mejorar la infraestructura y, en el largo plazo, mejorar los precios, así como la disponibilidad de frijol en los mercados. Se identificaron un grupo de amenazas que con el tiempo implican un retroceso en este campo, las cuales se revierten logrando la unisectorialidad, para que las instituciones involucradas y presentes en la provincia puedan trabajar por un objetivo común.

4.3 Propuesta de acciones para el proceso de comercialización de frijoles hacia (*Phaseolus vulgaris* L.) en mercados informales de la Comuna de Ondjiva en el Municipio de Cuanhama

4.3.1 Propuesta de acción

Las acciones expuestas deben realizarse de diferentes maneras, pero la más eficiente es a través de proyectos de acción gubernamental con una clara intencionalidad en su ejecución y puesta en marcha o también a través del extensionismo agrario, aspecto poco explorado en la provincia y además limitado (ver tabla 3).

Relacionado con lo anterior, la identificación de debilidades constituye el primer paso hacia la mejora de las condiciones de vida de la población a través de una acción definida, decidida y reparada entre los agentes locales y públicos basada en el uso de las capacidades de gestión empresarial y la creación de un entorno territorial innovador para ejecutar las acciones propuestas.

Tabla 3. Acciones propuestas para el proceso de comercialización de frijol (*Phaseolus vulgaris* L.)

DEBILIDAD ENCONTRADA	ACCIÓN	RESULTADO FUTURO	INDICADORES DE SEGUIMIENTO		
			Tiempo	Responsable	Control
Producto con corto tiempo de almacenamiento.	Asegurar el almacenamiento de volúmenes de frijol durante los períodos de cosecha.	Aumento del período de almacenamiento; Mayor presencia de frijol en épocas de baja producción.	Una vez al año;	Vendedor; Campesinos.	Controlar, Revisión periódica por parte de expertos del MINAGRI
Objetivo:	Incrementar la capacidad de almacenar frijol en grano.				
Concentración de la producción de frijol, bien aceptada internamente, pero poco producida para exportación.	Desarrollar una estrategia de marketing que prevea la distribución del frijol, según las diferentes épocas del año.	Lograr una presencia equitativa de cantidades comerciales de frijol durante todo el año.	anualmente	IDA, MINAGRI	chequeo, Revisión periódica por parte de expertos del MINAGRI
Objetivo:	Incrementar la satisfacción del cliente incrementando la presencia del frijol en el mercado durante todo el año.				
Condiciones higiénicas inadecuadas	Utilizar empaques y mejorar la presentación de los frijoles en los	Mantener las condiciones higiénicas y sanitarias al	Dos veces al año.	Vendedor, MINAGRI	chequeo,

	mercados informales para preservar su inocuidad.	vender frijol en los mercados.			Revisión periódica por parte de expertos del MINAGRI
Objetivo:	Mejorar la calidad y las condiciones higiénico-sanitarias del frijol comercializado en el mercado.				
La producción familiar tiene baja tecnificación y profesionalización, utilizando semillas caseras, lo que degenera las variedades plantadas y facilita la contaminación por peptógenos y daños mecánicos, producto de una mala asistencia técnica.	Diseñar proyectos de desarrollo para la introducción de nuevas tecnologías. Diseñar y gestionar un programa de formación.	Incrementar el uso de la tecnología y la profesionalización de la asistencia técnica.	dos veces al año	MINAGRI, agentes de extensión, IPO.	Informe y informes.
Objetivo:	Incrementar la tecnología en la producción y profesionalización del frijol con miras a mejorar la cultura en la localidad.				
Alto número de competidores	Competir en un mercado donde hay otros vendedores de frijoles.	Mantener la estabilidad en las ganancias.	Semanalmente	Vendedor; Campesino.	chequeo, Revisión periódica por expertos.

	Ofrezca frijoles a diferentes precios.	Elevar los niveles de ventas.			
Objetivo:	Asegurar los niveles de venta de frijol, aunque hay alta competencia.				

V. CONCLUSIONES

a) la comercialización defrijolsi trabajas bajo el modelo de ventas: productor-copiador o intermediario-mayorista y consumidor

b) En los mercados alemán y Oshomokuyo, el 92% de los consumidores encuestados afirmó que las ofertas de alimentos frijol son buenos, pero no se venden a diferentes precios, y en Oshomokuyo hay una mayor variedad de frijoles a la venta, en comparación con Alemania.

c) Las situaciones encontradas en FOFA en ambos lugares presuponen reacciones similares, pero se comprobó que una debilidad o amenaza en elaquíAlemania no necesariamente será para el mercado de Oshomokyo.

d) Las acciones expuestas deben realizarse de diferentes maneras, pero la forma más eficiente es a través de proyectos de acción gubernamental con una clara intencionalidad en su ejecución.

VI. RECOMENDACIONES

a) Profundizar en el estudio del proceso de comercialización de frijol.

b) Implementar la propuesta acciones expuestas en el trabajo.

c) Socializar este trabajo en diferentes escenarios.

✓ **VII. REFERENCIAS BIBLIOGRAFICAS**

✓ Agronegocios. (2014). Redes de cooperación de la Rama de Tecnologías y Servicios Agronégocios. Luanda.

✓ Almeida, ALG DE, Alcântara, RMCM DE Nobrega, RSA, Nobrega, JCA, Leite, LC, Silva, JAL (2010). Productividad del caupí cv BR 17 Gurguéia inoculado con bacterias diazotróficas simbióticas en Piauí. Revista Brasileña de Ciencias Agrícolas, v. 5, núm. 3, pág. 364 - 369.

✓ Andrade, FN, Rocha, M. de M., Gomes, RLF, Freire Filho, FR, Ramos, SRR (2010) Estimaciones de parámetros genéticos en genotipos de caupí evaluados para frijol fresco. Revista de Ciencias Agrícolas, Fortaleza, v. 41, núm. 2, pág. 253-258, abril/junio.

✓ Arbage, AP (2016). Fundamentos de la Economía Rural. Chapecó: Argos, 20pp.

✓ Barros, G. (2007). Economía de la comercialización agrícola. Centro de Estudios Avanzados en Economía Aplicada – CEPEA. Universidad de São Paulo – USP.

✓ Barros, GSAC, JGMartines Filho, (2017). "Transmisión de Precios y Márgenes de Comercialización de Productos Agropecuarios" en DELGADO, GC, JG GASQUES y CM VILLA VERDE (org.), Agricultura y Políticas Públicas. Serie IPEA núm. 127, Brasilia-DF

✓ CGA (2010) Consulado General de Angola. Kwanza Norte, Capital: N'dalatando. Consultado el 15 de mayo de 2021, en el sitio web de: Consulado General de Angola: http://www.consuladodeangola.org/index.php?Itemid=168&id=188&option=com_c ontent&tas k=view

✓ Castiñeiras L. (2011). Manejo y conservación in situ de recursos genéticos de plantas cultivadas en fincas en Cuba. Agricultura Orgánica. 1. La Habana. Cuba

✓ DIARIO DE LA REPÚBLICA (2014). Estrategia Nacional de Comercio y Emprendimiento Rural. Gaceta de la República, 2

✓ Diniz, AC (2018). Angola el medio físico y el potencial agrario. Instituto de Cooperación Portuguesa. Lisboa.

✓ Eterno, PV y Elenor, AAW (2015). Análisis de los canales de comercialización del frijol en los centros de producción de la Región Oriental del Estado de Goiás Revista Cojuntura Econômico Goania, junio, No:33,16-25pp.

✓ FAO. Organización de las Naciones Unidas para la Agricultura y la Alimentación. FAOSTAT. (2019). Disponible en: <http://faostat.fao.org/default.aspx>. Consultado el: 26 de diciembre. 2021.

✓ FAO. Organización de las Naciones Unidas para la Agricultura y la Alimentación. FAOSTAT. (2020). Disponible en: <http://faostat.fao.org/default.aspx>. Consultado el: 21 de enero. 2022.

✓ Ferreira, CM, Peloso, MJ Del, Faria, LC (2012). El frijol en la economía nacional. Santo Antonio de Goiás: Embrapa Arroz y Frijoles. 47p. (Embrapa Arroz y Frijoles. Documentos, 135).

✓ FIEP (Federación de Industrias del Estado de Paraná). (2017). Programa de incremento de ventas de productos de Paraná. FRIJOLES - Versión 1.0. mayo. 2006. Disponible en: <http://www.fiepr.org. br/fiepr//conselhos/agroindustria_alimentos/uploadAddress/Relat%C3%B3rioFeij% C3%A3o0506.pdf>. Consultado el: 01 de enero. 2021.

✓ Figueiredo, A., Prescott, E., Melo, MF de. (2004). Integración entre el mercado familiar y el mercado minorista. Brasilia: Universal. 196p.

✓ Fisher, L. y Navarro, A. (2018). Introducción a la Investigación de Mercados, Ed. McGraw Hill, 2da Ed, México, 162 págs.

✓ Frank, HF (2011). Microeconomía y comportamiento. São Paulo: McGraw-Hil. 3ª edición. pag. 300-379.

✓ Garófalo, G. de L; Carvalho, LCP de. (2014). Teoría microeconómica. São Paulo: Atlas SA 2ª ed. pag. 170-260.

✓ Gepts, P., Debouck, DG (2015). Origen, domesticación y evolución del frijol común (*Phaseolus vulgaris* L.). En: SCHOONHOVEN, A. van; VOYSEST, O. Investigación sobre frijol común para el mejoramiento de cultivos. Wallingford: CAB Internacional; Cali: CIAT. pag. 7-53

✓ GonzálezM, (2018). Enfermedades fúngicas de Fríjol. Editorial Científica Técnica. La Habana. Cuba

✓ Guzmán, FS (2015). Agroecología y desarrollo rural sostenible. En: AQUINO, AM; ASSIS, RL Agroecología: principios y técnicas para una agricultura orgánica sustentable. Brasilia, DF: Embrapa. pag. 101-131.

✓ Hall, M., Lieberman, M. (2013). Introducción a los mercados de futuros y opciones. São Paulo, Bolsa de Mercancías y Futuros (BM&F) - Cultura Editores Associados, 2ª edición ampliada, 19pp.

✓ Hernández, SR, Colinas, C. y Baptista, P. (2003). Metodología de la Investigación, 684pp.

✓ José, E. (2015). La guía de los gurús: los conceptos de mejores prácticas empresariales. São Paulo: Campus. págs. 189-204.

✓ Revista de Angola (2021). Producción de frijol con un déficit de 350 mil toneladas. Artículo informativo. Disponible:https://www.jornaldeangola.ao/ao/noticias/producao-de-feijao-com-defice-de-350-mil-toneladas/consultado: 11/07/2022

✓ Junta Provincial de Liquidación (2015). Aplicación del método a la planificación de una empresa agrícola ubicada en la aldea de Luinga, municipio de Ambaca, distrito de Cuanza Norte, (Angola). Reordenamiento, págs. 3-7.

✓ Kaplan, L. (2016). Phaseolus arqueológico de Tehuacán. En: BEYERS, D. (Ed.). La prehistoria del Valle de Tehuacán: medio ambiente y subsistencia. Austin: Universidad de Texas. v. 1, pág. 201-212

✓ Kaplan, RS, Cooper, R. (2018). Coste y rendimiento: gestiona tus costes para ser más competitivo. São Paulo: futuro. 366 págs.

✓ Kotler, Philip (2000). Principios de marketing. São Paulo: Prentice Hall.

✓ Ledesma, A. M. (2017). Agronegocio, empresa y emprendimiento. 2da ed. Buenos Aires: El Ateneo. 266 págs.

✓ Mamáot. (2013). Estrategia de Valorización de la Producción Agropecuaria Local. Informe Final del Grupo de Trabajo GEVPAL. Ministerio de Agricultura, Mar, Medio Ambiente y Ordenación del Territorio. Angola

✓ Mendes, Judas Tadeu Grassi; PADILHA JUNIOR, João Batista. (2007). Agronegocios: un enfoque económico. São Paulo: Pearson Prentice Hall,

✓ MINADER-FAO. (2003). Revisión del sector agrícola y la estrategia de seguridad alimentaria para definir prioridades de inversión (TCP/ANG/2907) ± Sistemas de Producción Agrícola. Documento de trabajo No. 07. Versión preliminar para comentarios. Consultado el 13 de mayo de 2021, en el sitio web de: Ministerio de Agricultura y Desarrollo Rural de Angola:http://www.minader.org/pdfs/fomento/volume_iii/sistema_producao_agricola.pdf

✓ MINADER, (2020) Construtora Norberto Odebrecht SA y Sondotécnica Engenharia de Solos SA Proyecto de Rehabilitación del Canal Conductor General Matala ± Capelongo. Provincia de Huila ± Municipio de Matala.

✓ Moreira, I. (2021). Angola Agricultura, Recursos Naturales y Desarrollo Rural. Tomo I. ISA-Prensa. Lisboa.

✓ Muñoz, G. y Singh, S. (2003). Estudios comparativos de fuentes de resistencia a Bacteriosis comunes disponibles en diferentes especies de Phaseolus y progreso genético mediante cruces interespecíficos y piramidación de genes. En SP Singh & O. Voysest, (Eds.), Taller de mejoramiento de frijol para el Siglo XXI: Bases para una estrategia para América Latina. CIAT. Cali. Colombia.

✓ Navolar, T. S., Rigon, A. S., Philippi, S. J. M. (2010). Diálogo entre agroecología y promoción de la salud. Revista Brasileña de Promoción de la Salud, Fortaleza, v. 23, núm. 1, pág. 69-79.

✓ Neves, MF (Org.) (2010) Economía y gestión de empresas agroalimentarias: industria alimentaria, industria de insumos, producción agrícola, distribución. São Paulo: pionero. cap. 3, pág. 39-60.

✓ Neves, MF, Castro, LT (2017). Marketing y estrategia en agronegocios y alimentos. São Paulo: Atlas, 365 p.

✓ NEVES, Marcos Favá; Chaddad, Fabio Ribas; Lazzarini, Sergio Giovanetti. (2013). Gestión de empresas alimentarias. São Paulo: aprendizaje pionero de Thomson, 14pp.

✓ Pinho, Diva Benevides; VASCONCELLOS, Marco Antônio Sandoval de (Org.). (2014). Manual de economía. 5. ed. São Paulo: Saraiva, 33pp.

✓ Piza, CT, RW Welsh, (2018). Introducción al análisis de marketing. Serie de Manuales nº 10. Departamento de Economía - ESALQ/USP, Piracicaba-SP.

✓ Porter, Michael E. (2006) Estrategia competitiva: técnicas para analizar industrias y competencia. Río de Janeiro: Campus, 32pp.

✓ Ramírez, R. J. L. (2007). Material del curso: Gestión Estratégica, Maestría en Ciencias Administrativas, IIESCA UV, México.

✓ Rivas, G. (2007). Economía de la comercialización agrícola. Centro de Estudios Avanzados en Economía Aplicada – CEPEA. Universidad Agustino Neto, 23-35pp.

✓ Rocha, M. de M. (2010) Caupí para consumo en forma de granos frescos. Agrosoft Brasil, 11pp. Disponible en: http://www.agrosoft.org.br/agropag/212374.htm. Consultado el: 5 de julio. 2021.

✓ Rocha, MM, Freire-Filho, FR, Ribeiro, VQ, Carvalho, HWL, Belarmino-Filho, J., Raposo, JAA, Alcântara, JP, Ramos, SRR, Machado, CF (2007). Adaptabilidad y estabilidad productiva de genotipos de caupí semierectos en la Región Nordeste de Brasil. Investigación Agrícola Brasileña, 42: 1283-1289.

✓ Rodríguez, V.J. (2000). Administración con Enfoque Estratégico. Editar. Trillas, México.

✓ Sabourin, E. (2010). Multifuncionalidad y relaciones de no mercado: gestión de recursos comunes en el Nordeste. Cuaderno CRH, n. 22, vol. 56, pág. 151-169.

✓ Scubla L. (1985). Lógicas de la reciprocidad. París, Escuela Politécnica, Cahiers du CREA n. 6, 283p.

✓ Senaes, Secretaría Nacional de Economía Solidaria (2013). Programa de Economía Solidaria en desarrollo, Brasilia: SENAES-MTD.

✓ Senaes. (2017). Proyecto de Ley de Comercio Justo y Solidario (CJS). Brasilia: SENAES-MTD

✓ Silva, EF (2018). Cultivo de frijol a escala rural. São Paulo: Escala, n. 5, pág. 10 – 17.

✓ Silva, I. (2010). El proceso de comercialización en la empresa Fazenda Sapucaia, municipio de Santa Isabel do Pará. Administración y Tecnología, v. 1, núm. 1.

✓ Silva, PSL, Oliveira, CN (2013). Rendimientos de frijol verde y maduro de cultivares de caupí. Horticultura Brasileña, Brasilia, v. 11, núm. 2, pág. 133-135.

✓ Cantante, P. (2016). Introducción a la Economía Solidaria. São Paulo: Perseu Abramo, 127p.

✓ Singh, BB (2017). Progresos recientes en la genética y el mejoramiento del caupí. Acta Horticultura, La Haya, n. 752, pág. 69-76, 2007. Edición de las actas de la Conferencia Internacional sobre Hortalizas y Leguminosas Indígenas, Hyderabad, India, septiembre. Disponible en:http://www.actahort.org/books/752/752_7.htm

✓ Socorro, M y Martín D. (2009): Granos, Editorial Pueblo y Educación. La Habana. Cuba

✓ Steiner-George, A. (1995). Planificación Estratégica. Editar. CECSA, México.

✓ Tamayo, M. (2003). El proceso de investigación científica, 440 pp., Limusa-Noriega Editores. México, 43pp.

✓ Thompson, L. y Strickland, A. (2001). Administración Estratégica. Editar. MacGraw-Hill, Colombia.

✓ Unifeijão. (2011). Clasificación del frijol. Disponible en: <http://www. unifeijao.com.br/telas/class_feija.php>. Consultado el: 29 dic. 2021.

✓ Wander, AE (2007). Producción y consumo de frijol en Brasil, 1975-2005. Información Económica, São Paulo, v. 37, núm. 2 de febrero.

✓ Wander, AE (2014). Cultivo de frijol de regadío en la región noroeste de Minas Gerais. Santo Antônio de Goiás: Embrapa Arroz y Frijoles. Disponible en: <http://sistemasdeproducao.cnptia.embrapa.br/FontesHTML/Feijao/FeijaoIrrigado NoroesteMG>. Consultado el: enero. 2021

I want morebooks!

Buy your books fast and straightforward online - at one of world's fastest growing online book stores! Environmentally sound due to Print-on-Demand technologies.

Buy your books online at
www.morebooks.shop

¡Compre sus libros rápido y directo en internet, en una de las librerías en línea con mayor crecimiento en el mundo! Producción que protege el medio ambiente a través de las tecnologías de impresión bajo demanda.

Compre sus libros online en
www.morebooks.shop

Printed by Books on Demand GmbH, Norderstedt / Germany